Gurbhinder Singh
Gagandeep Singh

Efeitos do processo de nitrocarbonetação por banho de sal no aço EN 9

Gurbhinder Singh
Gagandeep Singh

Efeitos do processo de nitrocarbonetação por banho de sal no aço EN 9

ScienciaScripts

Imprint

Any brand names and product names mentioned in this book are subject to trademark, brand or patent protection and are trademarks or registered trademarks of their respective holders. The use of brand names, product names, common names, trade names, product descriptions etc. even without a particular marking in this work is in no way to be construed to mean that such names may be regarded as unrestricted in respect of trademark and brand protection legislation and could thus be used by anyone.

Cover image: www.ingimage.com

This book is a translation from the original published under ISBN 978-620-2-00332-2.

Publisher:
Sciencia Scripts
is a trademark of
Dodo Books Indian Ocean Ltd. and OmniScriptum S.R.L publishing group

120 High Road, East Finchley, London, N2 9ED, United Kingdom
Str. Armeneasca 28/1, office 1, Chisinau MD-2012, Republic of Moldova, Europe
Printed at: see last page
ISBN: 978-620-7-70982-3

Índice:

Capítulo 1   2

Capítulo 2   4

Capítulo 3   19

Capítulo 4   20

Capítulo 5   32

Capítulo 1

INTRODUÇÃO

2.1.1 Introdução:

O EN9 é um tipo de aço de carbono médio normalmente fornecido na condição de laminado. Pode ser endurecido por chama ou por indução para produzir uma elevada dureza superficial com uma excelente resistência ao desgaste para uma qualidade de aço-carbono. O EN9 é utilizado em aplicações gerais de engenharia, incluindo lâminas para machados, facas e foices, bem como veios, casquilhos, cambotas, parafusos e brocas para trabalhar madeira, moldes e matrizes de moldagem [1]. No estado normalizado, o EN9 pode ser utilizado para engrenagens, rodas dentadas e cames [2]. As propriedades electroquímicas e mecânicas de uma superfície metálica são em grande parte responsáveis pela forma como os metais podem ser utilizados numa determinada área. Para melhorar as propriedades de corrosão do aço, o material é ligado com vários elementos, como o crómio e o níquel, embora estes sejam cada vez mais caros e a sua disponibilidade possa tornar-se um problema num futuro previsível. Uma das muitas formas de melhorar a resistência ao desgaste e à gripagem é a nitruração gasosa [3,4]. Praticamente todos os aços, incluindo o aço-carbono e mesmo o ferro puro, podem ser nitretados [5]. A nitretação de aços com gás amoníaco forma camadas nitretadas na superfície e abaixo da superfície da amostra [6]. É por este motivo que a poupança de energia e de materiais se tornou uma questão de grande preocupação. A superfície do aço é modificada através de vários tratamentos térmicos para melhorar as propriedades mecânicas, tribológicas e de corrosão [7] de aços não ligados baratos, caracterizados por uma baixa resistência à corrosão numa série de meios. Após modificações superficiais adequadas, estes aços de baixo custo podem mesmo ser considerados como substitutos de materiais de aço ligado dispendiosos. O objetivo dos tratamentos de modificação da superfície é alterar a estrutura do metal numa camada superficial relativamente fina, ou seja, através da difusão de um elemento adequado. As seguintes propriedades do metal podem assim ser melhoradas: resistência ao desgaste, resistência química, resistência mecânica e resistência ao fogo [8]. A modificação da superfície do aço por banho de sal ou nitrocarbonetação gasosa é um processo amplamente utilizado no fabrico de componentes de máquinas e ferramentas, uma vez que é possível obter uma dureza superficial melhorada, resistência à fadiga e resistência à corrosão [9] a temperaturas elevadas, com um mínimo de distorção [10]. Assim, a vida útil dos componentes das máquinas é significativamente alargada. Para além disso, os tipos de aço que não são resistentes à corrosão, atingem uma resistência à corrosão relativamente boa devido à formação de uma zona composta. No que diz respeito ao endurecimento de metais, os tratamentos de nitruração/nitrocarbonetação são os mais promissores e conduzem a camadas protectoras espessas e compactas de azoto e carbono [11]. É de salientar que foram também aplicados processos adicionais de pós-oxidação após a nitrocarbonetação para melhorar ainda mais as propriedades dos componentes e ferramentas de aço. O processo de nitruração/nitrocarbonetação é efectuado em três meios: nitrocarbonetação líquida, gasosa e por plasma [12]. As vantagens da nitrocarbonetação são muitas, tais como o baixo custo, a elevada resistência ao desgaste, a melhoria das propriedades de fadiga, o bom acabamento superficial, a distorção insignificante da forma e a melhoria da resistência à corrosão.

Capítulo 2

REVISÃO DA LITERATURA

2.1 Tratamentos térmicos

Os aços podem ser tratados termicamente para produzir uma grande variedade de microestruturas e propriedades. Geralmente, o tratamento térmico utiliza a transformação de fase durante o aquecimento e o arrefecimento para alterar uma microestrutura num estado sólido. No tratamento térmico, o processamento é, na maioria das vezes, inteiramente térmico e modifica apenas a estrutura. Os tratamentos termomecânicos, que modificam a forma e a estrutura dos componentes, e os tratamentos termoquímicos, que modificam a química e a estrutura da superfície, são também abordagens de processamento importantes que se inserem no domínio do tratamento térmico.

O tratamento térmico envolve a utilização de aquecimento ou arrefecimento, normalmente a temperaturas extremas, para alcançar um resultado desejado, como o endurecimento ou amolecimento de um material.

Figura 2.1 Tratamento térmico de componentes [13]

2.1.1 Recozimento

O recozimento é obtido através de processos de tratamento térmico que requerem uma atmosfera neutra (ou inerte) controlada. É utilizado de várias formas para amolecer, aliviar tensões internas, melhorar a maquinabilidade e desenvolver propriedades mecânicas e físicas específicas. Nos aços especiais ao silício utilizados nas laminações dos transformadores, o recozimento desenvolve a microestrutura específica que confere as propriedades eléctricas únicas [14]. O recozimento requer um aquecimento acima da temperatura crítica, mantendo-o durante tempo suficiente para a equalização da temperatura, seguido de um arrefecimento lento

2.1.2 Normalização

Também é utilizado para suavizar e aliviar tensões internas após o trabalho a frio e para refinar a dimensão do grão e a estrutura metalúrgica [15]. Pode ser utilizado para quebrar a estrutura dendrítica (como fundido) de peças fundidas para melhorar a sua maquinabilidade e a resposta futura ao tratamento térmico ou para atenuar a flexão em aço laminado. Para tal, é necessário aquecer até uma temperatura inferior à temperatura crítica, mantendo-a durante um período de tempo suficiente para permitir a equalização da temperatura, seguida de arrefecimento com ar. Por conseguinte, é semelhante ao recozimento, mas com uma taxa de arrefecimento mais rápida.

2.1.3 Endurecimento

Neste processo, os aços que contêm carbono suficiente, e talvez outros elementos de liga, são arrefecidos (temperados) suficientemente rápido a partir de uma temperatura superior à temperatura de transformação para produzir martensite [16]. Existe uma gama de meios de arrefecimento de severidade variável, sendo a água ou salmoura os mais severos, passando pelo óleo e produtos sintéticos até ao ar, que é o menos severo.

2.1.4 Têmpera

Após a têmpera, o aço é duro, quebradiço e sujeito a tensões internas. Antes da utilização, é normalmente necessário reduzir estas tensões e aumentar a tenacidade através da "têmpera". Haverá também uma redução da dureza e a seleção da temperatura de têmpera determina as propriedades finais. Como regra geral, dentro da gama de revenimento para um determinado aço, quanto mais elevada for a temperatura de revenimento, menor será a dureza final, mas maior será a tenacidade.

2.1.5 Processos termoquímicos

Estas envolvem a difusão, a profundidades pré-determinadas na superfície do aço, de carbono, azoto e, menos frequentemente, boro. Estes elementos podem ser adicionados individualmente ou em combinação e o resultado é uma superfície com propriedades desejáveis e de composição radicalmente diferente da massa.

2.1.6 Carburação

A carburação é um processo de endurecimento superficial em que o teor de carbono da camada superficial é aumentado através do aquecimento do componente abaixo do seu ponto de fusão com matéria carbonosa. Esta técnica é aplicada aos aços de baixo carbono. Através de um processo de têmpera posterior, é possível criar um núcleo dúctil com uma superfície dura [17]. Os valores típicos da espessura da camada dura em engrenagens para a indústria automóvel situam-se entre 0,8 e 1,4 mm. A difusão de carbono (cementação) produz uma composição de aço com maior teor de carbono na superfície da peça. Normalmente, é necessário endurecer tanto esta camada como o substrato após a cementação.

2.1.7 Nitretação

A difusão do azoto (nitruração) e a difusão do boro (boronização ou boretação) produzem ambos compostos intermetálicos duros à superfície. Estas camadas são intrinsecamente duras e não necessitam de tratamento térmico. A difusão do azoto (nitruração) é frequentemente efectuada a uma temperatura igual ou inferior à temperatura de têmpera dos aços utilizados. Assim, estes podem ser endurecidos antes da nitruração e a nitruração pode também ser utilizada como têmpera.

2.1.8 Boronização

Os substratos boronizados requerem frequentemente um tratamento térmico para restaurar as propriedades mecânicas. Como os boretos se degradam em atmosferas que contêm oxigénio, mesmo quando combinados como CO ou C02, devem ser tratados termicamente em atmosferas de vácuo, nitrogénio ou nitrogénio/hidrogénio, obtendo-se diferentes estruturas de materiais. A figura seguinte representa um diagrama de fases ferro-carbono.

2.2 Nitrocarbonetação

A nitrocarbonetação é um processo termoquímico que difunde o azoto e o carbono na superfície de materiais ferrosos, normalmente a 550°C-580°C, e pode ser efectuada através de diferentes meios: sólido, líquido, gasoso ou descarga incandescente gasosa. As camadas endurecidas produzidas nas superfícies dos provetes podem ser subdivididas numa camada composta, que é responsável pelas boas propriedades tribológicas e anticorrosivas da superfície, e numa zona de difusão, que conduz a uma melhor resistência à fadiga. A nitrocarbonetação tem muitas vantagens, tais como uma temperatura de tratamento mais baixa e um tempo de tratamento mais curto, um elevado grau de estabilidade dimensional e de forma, segurança do processo e reprodutibilidade. É amplamente aplicada na indústria de engenharia mecânica para melhorar as propriedades de fricção, desgaste e fadiga de peças de aço e ferro fundido. As numerosas variantes de processo atualmente disponíveis são uma indicação da importância da nitrocarbonetação na tecnologia moderna de tratamento térmico. Nos anos 80, foram desenvolvidos novos tratamentos ou tratamentos que incluíam operações especiais (oxidação, polimento, impregnação, etc.) para melhorar simultaneamente as propriedades mecânicas e a resistência à corrosão das camadas nitrocarbonetadas. Para além destes tratamentos, a utilização de temperaturas mais elevadas tem suscitado grande interesse nos últimos anos. Temperaturas de tratamento mais elevadas produzem camadas de nitreto muito mais espessas ou, por outras palavras, permitem uma redução significativa do tempo de tratamento [18]. As camadas de compostos e de difusão são muito importantes para aumentar a resistência ao desgaste e a resistência à fadiga dos materiais e, uma vez que o processo foi considerado essencial para alterar as propriedades mecânicas desejáveis dos componentes de engenharia, é necessária uma investigação contínua. O presente trabalho tem por objetivo a investigação do processo de nitrocarbonetação em banho de sal, variando os parâmetros de entrada, no aço EN 9. Os objectivos da investigação são descobrir se, ao variar os diferentes parâmetros de entrada, se consegue alguma melhoria nas propriedades mecânicas desejáveis.

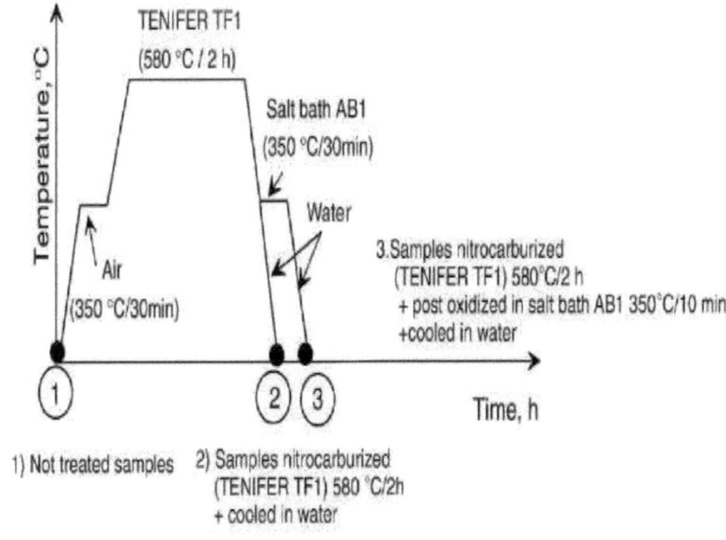

Figura 2.2 Tratamento termoquímico [19]

2.2.1 Vantagens tribológicas da nitrocarbonetação em relação à carbonitretação

A nitrocarbonetação e a carbonitretação são dois tratamentos termoquímicos para o endurecimento superficial de peças de aço que utilizam a difusão de carbono e azoto. Na carbonitretação, o endurecimento é obtido por transformação martensítica, o que requer temperaturas de processo de

800 a 850°C. Na nitrocarbonetação, o endurecimento é obtido pela precipitação de nitretos e carbonitretos a temperaturas próximas a 570°C. Para além disso, a nitrocarbonetação leva à formação na superfície de uma camada composta (chamada "camada branca") constituída por nitretos de ferro y' (Fe4N) e £ (Fe(2,3)N). É esta camada não metálica que confere um comportamento tribológico ao aço nitrocarbonetado.

Figura 2-3 Superfície do aço carbonitretado [20].

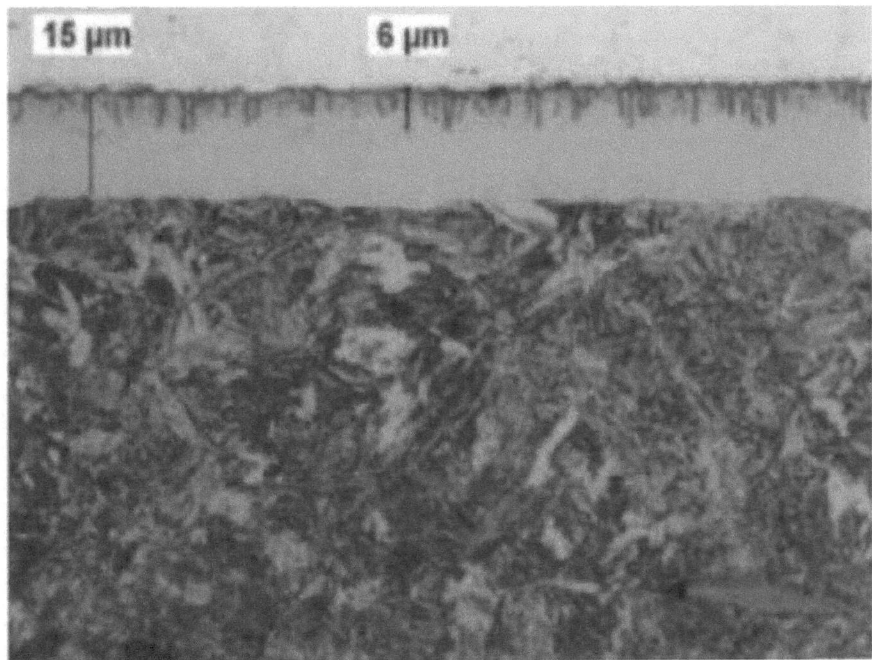

Figura 2.4 Superfície do aço nitrocarbonetado [7]

Menos comum que a carbonitretação, a nitrocarbonetação ocuparia 4% da quota de mercado em França, enquanto a carbonitretação teria 80% . Para ajudar os fabricantes a escolher entre estes dois processos, o comité CETIM "Tratamentos térmicos e revestimentos secos" conduz um estudo sobre o comportamento tribológico destes tratamentos termoquímicos.

2.2.2 Sais utilizados na nitrocarbonetação

Normalmente, o cianato e os sais de cianeto são utilizados no processo de nitrocarbonetação. Mas o cianeto é um sal altamente tóxico e está atualmente proibido. No entanto, o cianato é menos tóxico e continua a ser utilizado no processo de nitrocarbonetação. Estes sais ajudam a melhorar a resistência ao desgaste e a resistência à fadiga dos aços. No entanto, no mercado atual, alguns distribuidores estão a vender sais sem cianeto para nitrocarbonetação. Todo este cenário indica as possibilidades ecológicas do processo de nitrocarbonetação por banho de sal.

Figura 2.5 Sal de nitrocarbonetação [21]

2.2.3 Aplicações da nitrocarbonetação

As vantagens do processo incluem a capacidade de endurecer materiais que não estão pré-endurecidos, a temperatura relativamente baixa do processo que minimiza a distorção e o custo relativamente baixo em comparação com a cementação ou outros processos de endurecimento por cementação.

2.2.4 Indústrias típicas:

Petróleo e gás, válvulas, bombas, equipamento agrícola, automóvel, estampagem, têxtil, extrusão e moldagem por injeção, e componentes para armas de fogo.

2.2.5 Peças típicas:

Petróleo e gás - engrenagens e veios de pinhão

Componentes de válvulas - comportas, sedes, esferas, hastes, válvulas reguladoras

Componentes da bomba - carcaças de impulsores, corpos, êmbolos, cilindros

Equipamento agrícola - ceifeiras-debulhadoras, separadores, transferência de colheitas, componentes de corte

Automóvel - bombas de óleo para motores diesel, engrenagens, cambotas e árvores de cames

Estampagem - matrizes, ferramentas

Têxtil - tambores ranhurados

Moldes de extrusão e de injeção - brocas de moldagem, barris, componentes de moldes

Armas de fogo - diapositivos sobre armas de fogo automáticas

A nitrocarbonetação pode ser aplicada aos mesmos materiais que a nitretação, bem como a materiais não ligados, em que é necessária uma boa resistência ao desgaste e alguma resistência à fadiga melhorada a baixo custo. É amplamente utilizada em peças estampadas, como alternativa ao revestimento duro.

Figura 2.6 Produtos tratados e não tratados por nitrocarbonetação em banho de sal [8].

As vantagens acima mencionadas da nitrocarbonetação em banho de sal revelam claramente a sua importância na era atual. Esta vasta gama de aplicações dos aços industriais necessita de uma melhoria contínua das suas propriedades tribológicas, bem como do seu comportamento mecânico. A presente investigação tem como objetivo a investigação do processo de nitrocarbonetação por banho de sal, variando diferentes parâmetros no aço EN 9.

2.3 Método TAGUCHI: [22]

O Dr. Taguchi, da Nippon Telephones and Telegraph Company, Japão, desenvolveu um método baseado em experiências "ORTHOGONAL ARRAY" que permite reduzir significativamente a "variância" da experiência com "definições óptimas" dos parâmetros de controlo. Assim, o método Taguchi combina a conceção de experiências com a otimização dos parâmetros de controlo para obter os melhores resultados. As "Matrizes Ortogonais" (OA) fornecem um conjunto de experiências bem equilibradas (mínimo) e as relações sinal-ruído (S/N) do Dr. Taguchi, que são funções logarítmicas do resultado desejado, servem de funções objetivo para a otimização, ajudam na análise dos dados e na previsão dos melhores resultados. Nas concepções de Taguchi, uma medida de robustez utilizada para identificar factores de controlo que reduzem a variabilidade de um produto ou processo, minimizando os efeitos de factores incontroláveis (factores de ruído). Os factores de controlo são os parâmetros de conceção e de processo que podem ser controlados. Os factores de ruído não podem ser controlados durante a produção ou utilização do produto, mas podem ser controlados durante a experimentação. Numa experiência concebida por Taguchi, manipulam-se os factores de ruído para forçar a ocorrência de variabilidade e, a partir dos resultados, identificam-se as definições óptimas dos factores de controlo que tornam o processo ou o produto robusto ou resistente à variação dos factores de ruído. Valores mais elevados da relação sinal/ruído (S/N) identificam as definições dos factores de controlo que minimizam os efeitos dos factores de ruído. As experiências Taguchi utilizam frequentemente um processo de otimização em duas etapas. Na etapa 1, utilizar a relação sinal/ruído para identificar os factores de controlo que reduzem a variabilidade. Na etapa 2, identificar os factores de controlo que movem a média para o alvo e têm um efeito pequeno ou nulo na relação sinal-ruído. O rácio sinal/ruído mede a forma como a resposta varia relativamente ao valor nominal ou alvo sob diferentes condições de ruído. Você pode escolher entre diferentes relações sinal-ruído, dependendo do objetivo do seu experimento. Para experimentos estáticos, o Minitab oferece quatro relações sinal-ruído [23].

2.4 Características do aço EN 9

o Deve ser sempre prevista uma margem de 6% para a eliminação dos defeitos de
superfície durante a maquinagem.

o A EN9 pode ser soldada (mas não é recomendada)

o A maquinabilidade é boa.

o Ideal para aplicações de tração de 45 toneladas.

o Não recomendado para carburação.

o Tratamento térmico apenas para secções de decisão limitadas.

2.5 Aplicações típicas do aço EN9

o Rodas dentadas

o Cilindros

o Cams

o Virabrequins

o Chaves

o Engrenagens pequenas

o Máquinas-ferramentas

o Bolas de moagem para moinhos de bolas

o Anéis de corrida de esferas

o Parafusos, porcas

o Polias

2.6 Alguns estudos relacionados com o meu trabalho

Alguns dos investigadores estudaram o processo de nitrocarbonetação, com os seguintes pormenores

Marcos e Belzunce (2016) [24]: Estudaram dois tratamentos termoquímicos de superfície (nitrocarbonetação em banho de sal e nitretação seguida de pós-oxidação) aplicados a um aço H13. O efeito de um tratamento criogénico profundo na resistência ao desgaste também foi avaliado. Foi demonstrado que os dois tratamentos de superfície aplicados melhoraram significativamente a resistência ao desgaste do aço em resultado do endurecimento da superfície e do campo de tensões residuais compressivas assim induzido, juntamente com a formação de camadas superficiais de nitretos e óxidos com excelentes características tribológicas. Os autores concluíram que estes tratamentos de superfície também conduziram a um bom desempenho quando testados em condições de trabalho simuladas a alta temperatura: não houve relaxamento de tensões e amolecimento relevante até 500 °C, mas foi observado um relaxamento gradual de tensões e amolecimento parcial após exposição prolongada a 600 °C. Além disso, a aplicação de um tratamento criogénico profundo mostrou uma redução significativa da taxa de desgaste em comparação com a do aço H13 convencional temperado e revenido.

Zhou et. al.(2015) [9]- desenvolveu uma tecnologia de nitrocarbonetação em banho de sal D.C aplicando adicionalmente um campo elétrico de corrente contínua (D. C.) com base na técnica tradicional (NM). Os autores descobriram que a espessura da camada composta aumentou mais de 60%, de 18 pm para 29 pm na mesma temperatura de tratamento de 848 K e duração de retenção de 100 min. Entretanto, foi obtida uma dureza superficial mais elevada, uma dureza sub-superficial modestamente mais elevada e um perfil de dureza superior com a ajuda de um campo elétrico de corrente contínua. Verificou-se também que o coeficiente de difusão do azoto aumentou mais de 1,9 vezes e que a energia de ativação diminuiu de 184 kJ/mol para 159 kJ/mol com o auxílio do campo elétrico DC. O possível mecanismo de melhoria é que o campo elétrico de corrente contínua pode promover reacções químicas e produzir mais átomos de azoto activos no banho de sal, carregar positivamente os átomos activos e forçá-los a difundir-se direccionalmente para a superfície da amostra tratada, melhorando assim significativamente a eficiência dos átomos activos no banho de sal.

Zhou et al (2014) [25] - desenvolveram uma nova tecnologia de nitrocarbonetação rápida em banho de sal, aplicando adicionalmente um campo elétrico de corrente contínua (D. C.) com base na técnica tradicional (NM). Amostras do lote de 35 fontes de aço foram usadas na pesquisa. Os autores concluíram que o campo elétrico de corrente contínua tem um efeito de melhoria significativo no processo de nitrocarbonetação em banho de sal. Verificou-se que o campo elétrico de corrente contínua podia efetivamente encurtar o tempo de espera ou diminuir a temperatura de tratamento para obter a mesma espessura de camada branca em comparação com o processo NM; e o efeito de melhoria estava intimamente relacionado com a tensão de corrente contínua, que podia acelerar significativamente o processo quando a tensão excedia os 3 V. O tempo de retenção foi encurtado de 100 min em NM para menos de 50 min aplicando um campo elétrico de 7,5 V D. C. para obter uma espessura de camada branca de 18 mm a 575 _C, e a espessura foi aumentando de 18,0 mm até 29 mm, ou seja, 60% mais elevada do que em NM com a mesma duração de 100 min. O possível mecanismo de melhoria é que o campo elétrico DC pode promover reacções químicas e produzir mais átomos activos no banho de sal, entretanto, carregar positivamente os átomos activos e forçá-los a difundir-se direccionalmente para a superfície da amostra tratada, e assim aumentar significativamente a concentração dos átomos activos em torno da superfície da amostra tratada e melhorar a eficiência dos átomos activos no banho de sal. **Niu et al (2014) [26]** prepararam um novo tipo de película de óxido na liga Mg-Gd-Y-Zr através de um tratamento misto de banho de sal fundido. A composição e a microestrutura do filme foram estudadas por XRD e SEM. O comportamento de desgaste e corrosão da película de superfície modificada foi avaliado. De acordo com a análise XRD e SEM, foi confirmado que a película de óxido resultou numa distribuição uniforme da fase MgO. Espera-se que a implantação da fase MgO na película endureça a superfície e retarde grandemente o comportamento de dissolução em solução de NaCl, actuando como uma película passiva artificial compacta e contínua com uma espessura de dezenas de microns. Os autores concluíram que a película de óxido resulta numa distribuição uniforme da fase cúbica de MgO no revestimento. Em geral, a resistência ao desgaste e à corrosão das amostras processadas com QPQ é muito melhor em comparação com a da liga Mg-Gd-Y-Zr nua. Espera-se que a implantação da fase MgO na película endureça a superfície e retarde bastante o comportamento de dissolução em solução de NaCl. A película de óxido com dezenas de microns de espessura actua como uma película passiva artificial compacta e contínua.

Huang et. al (2013) [27]- estudou a modificação **do** aço inoxidável 2205 por nitrocarbonetação em banho de sal a 430 °C. Em seguida, as amostras de aço inoxidável duplex 2205 foram mergulhadas no banho de sal fundido a 430 °C durante 2, 4, 8, 16, 40 h. Após a nitrocarbonetação, as amostras foram arrefecidas lentamente no ar até à temperatura ambiente e foram limpas por ultra-sons num banho de álcool durante 15 min. Os autores concluíram que a nitrocarbonetação no espaço de 8 h apenas expandiu a austenite (fase S) formada e, com o aumento do tempo de tratamento, o CrN difundiu-se gradualmente a partir dos locais onde existiam grãos de ferrite antes da nitrocarbonetação. Depois, a camada era constituída principalmente por fase S e fase CrN secundária. A profundidade aumentou com o tempo de nitrocarbonetação e o crescimento da camada obedece aproximadamente à lei da taxa parabólica. A nitrocarbonetação em banho de sal pode efetivamente melhorar a dureza superficial do 2205 DSS com o tempo de tratamento. A resistência à erosão-corrosão foi melhorada pela nitrocarbonetação em banho de sal e a amostra tratada durante 16 horas teve o melhor comportamento à erosão-corrosão.

Zhang et. al (2011) [28] estudaram a nitrocarburação e a pós-oxidação da liga de aço 35CrMo num banho de cianato e num banho de sal de nitrato-nitrito, respetivamente. A barra de aço de 15 mm de diâmetro foi austenitizada a 860 _C durante 30 min, temperada em óleo, depois temperada a 580 _C durante 30 min e arrefecida ao ar. A superfície do entalhe redondo da amostra foi polida mecanicamente com papel de esmeril com uma malha de 400-2000, que removeu cerca de 25 pm de camada de endurecimento mecânico. As amostras foram pré-aquecidas a 350 _C durante 30 min ao ar e, em seguida, nitrocarbonetadas no banho de sal de cianato a 570 _C durante 2 h. Depois disso, as amostras foram arrefecidas em água; em seguida, foram expostas a uma nova pós-oxidação no banho de sal de nitrato-nitrito a 350 _C durante 10 min e, depois, arrefecidas em água até à temperatura ambiente. Os autores concluíram que, para os espécimes não tratados, a fenda tem origem na superfície do espécime e existe o limite de fadiga convencional no regime VHCF. Também o limite de fadiga em regime VHCF, que melhora 51% em relação ao dos provetes não tratados. No entanto, quando se considera o gradiente de tensão causado pela carga de flexão, o limite de fadiga melhora 32% após o tratamento. As observações da superfície de fratura dos espécimes de escoamento mostram que a GBF não se pode formar no regime VHCF. A fissura que se inicia a partir de uma inclusão interna pode propagar-se até à rotura numa gama de factores de intensidade que é inferior à gama de factores de intensidade de tensão limite para o crescimento da fissura superficial. Quando a inclusão é suficientemente grande, é mais provável que os espécimes fracturem a partir da inclusão interna do que a partir da superfície. **Jacquet et. al. (2011) [29]** estudaram dois tipos diferentes de aço, DC 04 (aço não ligado) e 15 CrMoV 6 (aço ligado); ambos foram nitretados em banho de sal com o processo QPQ. Foram submetidos a diferentes durações de sequências de nitruração, 2 h, 3 h e 8 h, enquanto a duração da última sequência, ou seja, a oxidação, permaneceu a mesma. As medições de microdureza mostraram que os elementos de liga tiveram uma forte influência no perfil e no valor da dureza da superfície. Para cada classe, o valor máximo de dureza superficial já foi obtido após um tratamento de 2 h. A constituição da superfície foi observada por XRD; a presença de Fe_3O_4 foi notada acima das camadas compostas constituídas por nitretos a e /. As observações em corte transversal por SEM revelaram que a cinética de crescimento das camadas de compostos segue uma lei parabólica. A espessura e a constituição das camadas foram também confirmadas por análise EDS. Com o aumento da duração da nitretação, o teor de nitretos y' diminui enquanto o teor de nitretos a aumenta. Para durações de nitretação mais longas, observa-se sobretudo nitreto de a e Fe3O4 na superfície de ambas as qualidades. Parece que, para sequências de nitretação longas, os elementos adicionais não são essenciais para a natureza das camadas compostas.

Marusciet. al. (2006) [19] modificaram a superfície de amostras de aço carbono utilizando nitrocarbonetação em banho de sal, com ou sem pós-oxidação. As amostras de aço C45 de grau "1" foram pré-aquecidas a 350 °C durante 30 min ao ar e depois nitrocarbonetadas no banho de sais Tenifer TF1 a 580 °C durante 2 h. Em seguida, um grupo de amostras nitrocarbonetadas marcado como "2" foi arrefecido em

(processo clássico de nitrocarbonetação em banho de sal) e o outro grupo de amostras C45 nitrocarbonetadas "3" foi exposto a uma pós-oxidação adicional em banho de sal ABI a 350 °C durante 10 min e depois arrefecido em água até à temperatura ambiente. Os autores concluíram que Os resultados da microscopia ótica e da análise de difração de raios X da microestrutura em locais na área do bordo das amostras testadas mostraram que a camada do bordo consiste numa zona composta de cerca de 15 pm de profundidade composta por £-Fe2-3N e y'-Fe4N e uma zona de difusão de cerca de 0,6 mm de profundidade com matrizes de perlite e ferrite. A camada superficial das amostras após a pós-oxidação é também constituída por £-Fe2-3N e y'-Fe4N, mas contém adicionalmente Fe3O4. Se a pós-oxidação for aplicada após a nitrocarbonetação, precipitam-se nitretos tipo agulha na zona de difusão. Os tratamentos térmicos aplicados neste ensaio também aumentam a dureza na camada superficial das amostras de aço não ligado à profundidade efectiva de nitretação de 0,45 mm. As medições electroquímicas mostraram que a modificação termoquímica (nitrocarbonetação e pós-oxidação) melhorou as propriedades de corrosão do aço-carbono não ligado e aproximou-se do valor do aço inoxidável austenítico. A polarização anódica das amostras investigadas mostrou que a amostra não tratada se dissolve muito rapidamente e não passiva, enquanto a amostra nitrocarbonetada é passiva até cerca de 0,5 V e a amostra pós-oxidada até cerca de 0,7 V. O valor da corrente na região passiva é de cerca de 0,13 pA para ambas as amostras modificadas termoquimicamente.

Cajner et. al (2003) [30] realizaram o ensaio comparativo das propriedades do aço grau Ck45 (AISI-1045) após nitrocarbonetação em banho de sal (processo TENIFER) sem e com pós-oxidação (processo TENIFER QPQ). Foram determinados os efeitos da pós-oxidação em espécimes nitrocarbonetados de forma diferente, através de ensaios metalográficos, análise química através da secção transversal da amostra, dureza, rugosidade, corrosão e propriedades tribológicas. Os autores concluem que a pós-oxidação não tem efeito significativo na diminuição da dureza, diminui o coeficiente de atrito e melhora a resistência à corrosão em comparação com o aço não oxidado. Esta alteração de propriedades deve-se à formação de uma camada de óxido de ferro na zona composta durante o arrefecimento após a nitrocarbonetação e especialmente durante o tratamento subsequente no banho oxidante.

Qiang et. al. (1999) [31] Este artigo explora as tecnologias de tratamento de duplex por nitrocarbonetação em banho de sal e nitrocarbonetação-cozimento. Para efeitos de comparação, foi também efectuado um tratamento de têmpera. Através de exames metalográficos, testes de microdureza e análise de difração de raios X, foram investigadas as microestruturas, estruturas de fase, durezas superficiais e perfis de dureza do aço 1045 tratado por várias técnicas. Os aparelhos ball-on-block e ring-on-block foram utilizados para investigar o coeficiente de atrito e a resistência ao desgaste, respetivamente. A rugosidade da superfície foi também medida por um perfilómetro. Os resultados experimentais indicam que se obtém uma dureza sub-superficial mais elevada e um perfil de dureza superior através do processo duplex de nitrocarbonetação e têmpera. Isto, por sua vez, melhora a resistência ao desgaste e a resistência à fadiga, embora a dureza superficial seja um pouco mais baixa em comparação com a obtida por nitrocarbonetação. Demonstra também que a fase eletrónica formada na superfície do aço tem efeitos significativos na redução do atrito e na melhoria da resistência ao desgaste. A análise de difração de raios X mostra que as fases na superfície do espécime nitrocarbonetado são principalmente e-compostos [Fe3(N,C)] e pequenas quantidades de Fe4N(g9) e Fe2- 3(N,C). Enquanto que as fases na superfície da amostra nitrocarburizada-quenched são muito diferentes daquelas na amostra nitrocarburizada. Neste caso, o composto e decompôs-se quase completamente e o azoto e o carbono difundiram-se para o g-Fe à temperatura de têmpera para formar a solução sólida supersaturada que se tornará martensite contendo azoto e carbono juntamente com austenite retida após arrefecimento subsequente com água.

Capítulo 3

FORMULAÇÃO DE PROBLEMAS

3.1 . Necessidade - Atualmente, o endurecimento de superfícies é um processo muito desejado. Muitas aplicações exigem materiais de alta resistência com propriedades de maior tenacidade. O processo de nitrocarbonetação é um dos processos mais utilizados. A nitrocarbonetação é um tratamento termoquímico que envolve a adição difusional de azoto e carbono à superfície de materiais ferrosos. Normalmente efectuado a temperaturas dentro do campo da fase ferrítica do sistema Fe-N-C, ou seja, abaixo de 593 °C, o tratamento melhora a resistência à abrasão através do desenvolvimento de uma camada composta na superfície que consiste predominantemente em carbonitreto de épsilon, $Fe_{2.3}(C,N)$. Os componentes tratados apresentam também propriedades de fadiga melhoradas devido à zona de difusão onde o azoto é mantido em solução sólida sob a camada composta. A nitrocarbonetação é, por conseguinte, aplicada com vantagem a componentes de máquinas têxteis, peças de bombas de água, engrenagens de distribuição e várias peças de automóveis que são submetidas a laminagem deslizante. O tratamento pode ser efectuado quer numa atmosfera gasosa constituída por uma mistura de NH_3 e gás endo, quer num banho de sais líquidos contendo cianatos e carbonatos. A nitrocarbonetação por plasma está também a tornar-se cada vez mais popular, dada a facilidade de controlo do processo e a sua compatibilidade com o ambiente. O objetivo da presente investigação é investigar os efeitos da nitrocarbonetação em banho de sal no aço EN 9. Vários parâmetros de entrada e saída serão investigados em conformidade.

3.2 Objectivos:

Os objectivos deste estudo incluem:

1. Investigar o efeito do processo de nitrocarbonetação em banho de sal no aço EN 9.

2. Estudar o efeito da nitrocarbonetação na microdureza, no impacto e na resistência ao desgaste.

Capítulo 4

METODOLOGIA DE INVESTIGAÇÃO

4.1 Seleção de materiais

O aço EN-9 será utilizado no presente estudo, devido às suas elevadas qualidades de resistência mecânica. O **EN9,** também conhecido como 070m55, disponível em diâmetros, planos, quadrados e placas com um teor de carbono de 0,50/0,60, é um aço de carbono médio que pode desenvolver uma resistência à tração de 700N/mm 45tsi. No estado normalizado, o EN9 pode ser utilizado para engrenagens, rodas dentadas e cames. A tabela seguinte mostra a composição química do aço EN-9.

Tabela 4.1 Composição química do aço EN 9 [21]

Elemento	Mínimo	Máximo
Carbono, C	0.50	0.60%
Manganês, Mn	0.50	0.80%
Silício, Si	0.05	0.35%
Enxofre, S	- - -	0.06%
Fósforo, P	- - -	0.06%

4.2. Seleção dos parâmetros de entrada

Tabela 4.2 Resumo da literatura para os parâmetros de entrada

	Li, Peng et al. (2008) [32]	Li, Wang et al. (2008) [33]	Marusić Otmacić et al. (2006)[19]	Qiang, Ge et al. (1999) [31]	Qiang, Ge et al. (1998) [18]	Krishnaraj, Srinivasan et al. (1998) [34]	Krishnar aj, Iyer et al. (1997) [35]
Tempo de nitrocarbonetação (min.)	120	120	120	90	30,90	120,60	120
Temperatura de nitrocarbonetação (C)	580	580	580	570	570,630	570, 650, 700	570, 650, 700
Temperatura de pré-aquecimento.	350	350	350	350	350		400
Tempo de pré-aquecimento (min.)	5	5	30	60	60		15
Temp. de oxidação	400	400		350			
Tempo de oxidação	10,5	10,5		10			
Meios de arrefecimento para arrefecimento	Quente água	Quente água		água (arrefecido)		Ar	
Temp. de arrefecimento				850,		1040	840
Temp. de têmpera				200		600	
Tempo de arrefecimento				30			
Tempo de têmpera				120			

Após a revisão da literatura, os parâmetros considerados para este estudo são os seguintes

(1)   Tempo de nitrocarbonetação   (ii) Temperatura de pré-aquecimento

(iii)   Tempo de pré-aquecimento.

Tabela 4.3 Níveis das variáveis de entrada

N.º Sr.	Fator	Nível 1	Nível 2	Nível 3	Unidades
1	Tempo de nitrocarbonetação (min.)	70	90	110	Min.
2	Temp. pré-aquecimento (°C)	300	350	400	°C
3	Tempo de pré-aquecimento. (min.)	10	20	30	Min.

4.3. Conceção das experiências

O procedimento tradicional de conceção de experiências é demasiado complicado e não é fácil de utilizar. Quando o número de parâmetros do processo aumenta, é necessário efetuar um grande número de trabalhos experimentais. Para resolver este problema, o método de Taguchi, desenvolvido pelo Dr. Gen-ichi Taguchi, utiliza um desenho especial de matrizes ortogonais para estudar todo o espaço de parâmetros com apenas um pequeno número de experiências. Este método utiliza um conjunto especial de matrizes designado por matriz ortogonal. Esta matriz padrão permite realizar um número mínimo de experiências que podem fornecer informações completas sobre todos os factores que afectam o parâmetro de resposta, em vez de realizar todas as experiências. Os resultados óptimos podem ser determinados com a ajuda da relação sinal/ruído. Existem três tipos padrão de rácios sinal-ruído, dependendo da resposta de desempenho desejada, como se segue.

Quanto mais pequeno melhor (para tornar o resultado o mais pequeno possível)

$$\eta = \frac{S}{N} = -10.\log_{10}(\frac{1}{n}\sum_{i=1}^{n} yi^2)$$

Quanto mais nominal melhor (para reduzir a variabilidade em torno do objetivo)

$$\eta = \frac{S}{N} = 10.\log_{10}(\bar{y}^2/S^2)$$

Quanto maior, melhor (para tornar o resultado o maior possível)

$$\eta = \frac{S}{N} = -10.\log_{10}(\frac{1}{n}\sum_{i=1}^{n} 1/yi^2)$$

Tabela 4.4 Níveis da matriz ortogonal padrão no projeto de Taguchi

		Número de parâmetros											
		2	3	4	5	6	7	8	9	10	11	12	13
z > M **L "** z	2	L4	L4	L8	L8	L8	L8	L12	L12	L12	L12		
	3	L9	L9	L9	L18	L18	L18	L18	L27	L27	L27	L27	L27
	4	L16	L16	L16	L16	L32	L32	L32	L32	L32			
	5	L25	L25	L25	L25	L25	L50	L50	L50	L50	L50	L50	

Tabela 4.5 L9 Matriz ortogonal para o projeto de experiências

Número da experiência1	Coluna 2	34		
2	11 1 31	111 222 333		
4	2	1	2	3
5	2	2		31
6	2		31	2
73		13	2	
83		2	13	
93		3	2	1

Quadro 4.6 Conceção das experiências

Correr	Ambiente	Tempo de nitrocarbonetação (min.)	Temp. de pré-aquecimento ($^{\circ}$ c)	Tempo de pré-aquecimento. (min.)
1	Não tratado			
2	Nitrocarburizado	70	300	10
3	Nitrocarburizado	70	350	20
4	Nitrocarburizado	70	400	30
5	Nitrocarburizado	90	300	30
6	Nitrocarburizado	90	350	20
7	Nitrocarburizado	90	400	10
8	Nitrocarburizado	110	300	20
9	Nitrocarburizado	110	350	30
10	Nitrocarburizado	110	400	10

4.4. Experimentação

Como já estudámos que o processo de nitrocarbonetação é um processo de difusão térmica, a dissociação do carbono e do azoto do banho de cianato foi realizada num forno de nitrocarbonetação de acordo com os parâmetros escolhidos. Antes da nitrocarbonetação, a superfície plana de cada amostra foi lixada com lixa e limpa sucessivamente com acetona, álcool e água destilada. Em seguida, as amostras de aço EN 9 foram mergulhadas no banho de sal fundido, de acordo com o projeto de experimentação. Após a nitrocarbonetação, as amostras foram arrefecidas lentamente ao ar até à temperatura ambiente e foram limpas num banho de álcool durante 15 minutos.

Figura 4.1 Forno de nitrocarbonetação

4.5. Testes e análises

Após o tratamento térmico, as seguintes propriedades das amostras foram testadas para análise:

4.5.1. Impacto - Um metal pode ser muito duro (e, portanto, muito resistente) e, no entanto, ser inadequado para aplicações em que é sujeito a cargas súbitas em serviço. Os materiais comportam-se de forma bastante diferente quando são carregados subitamente do que quando são carregados mais lentamente, como nos ensaios de tração. Devido a este facto, o ensaio de impacto é considerado um dos ensaios mecânicos básicos (especialmente para metais ferrosos). O termo fratura frágil é utilizado para descrever a rápida propagação de fissuras sem qualquer deformação plástica excessiva a um nível de tensão inferior à tensão de cedência do material. Os metais que apresentam um comportamento dúctil podem, em determinadas circunstâncias, comportar-se de forma frágil. A tensão necessária para provocar a cedência aumenta à medida que a temperatura desce. A temperaturas muito baixas, a fratura ocorre antes da cedência. Os ensaios de impacto são utilizados não só para medir a capacidade de absorção de energia do material sujeito a uma carga súbita, mas também para determinar a temperatura de transição do comportamento dúctil para o comportamento frágil.

Ensaio de impacto de pêndulo: Neste ensaio, o provete é colocado no ponto mais baixo da trajetória de um percutor montado na extremidade de um pêndulo, como se mostra na figura 1. O percutor, tendo sido inicialmente levantado até uma altura específica hl, e depois libertado, oscila contra o provete e parte-o. O percutor continua a sua oscilação para o outro lado do provete até uma altura h2. Claramente, a diferença entre as duas alturas multiplicada pelo peso do percutor corresponde à quantidade de energia que é absorvida na fratura.

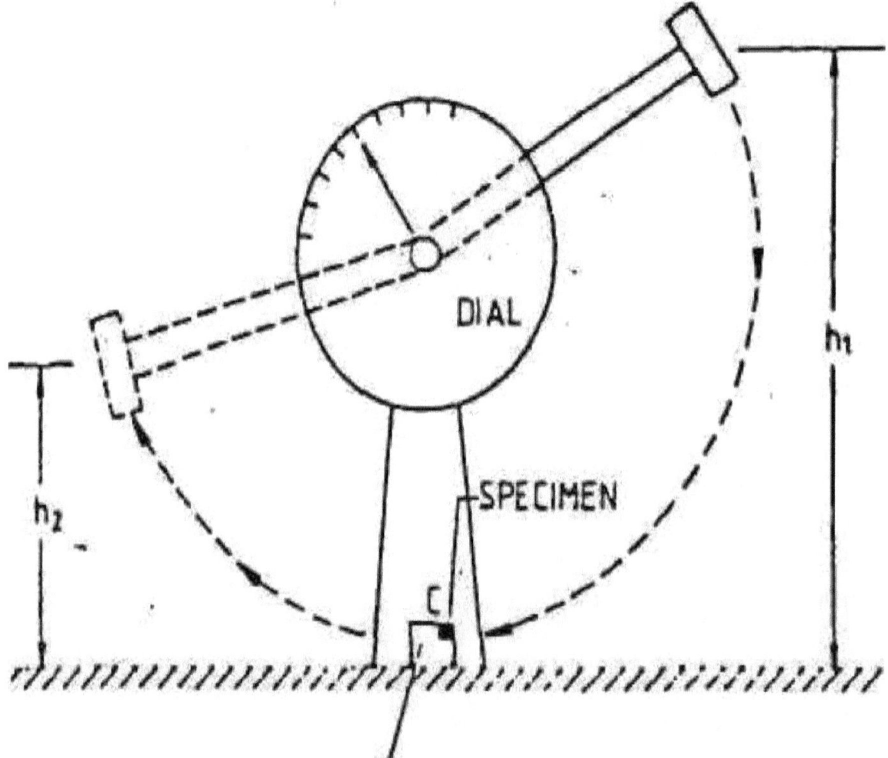

Figura 4.2 Esquema de uma prova de impacto com pêndulo convencional

Teste de impacto Izod:

No ensaio de impacto Izod, a peça de ensaio é um cantilever, fixado verticalmente numa bigorna, com um entalhe em V ao nível da parte superior do grampo. A peça de ensaio é atingida por um percutor transportado num pêndulo que pode cair livremente de uma altura fixa, para dar um golpe de 120 ftlb de energia. Depois de fraturar a peça de ensaio, a altura a que o pêndulo sobe é registada por um ponteiro de fricção escravo montado no mostrador, a partir do qual se lê a quantidade de energia absorvida.

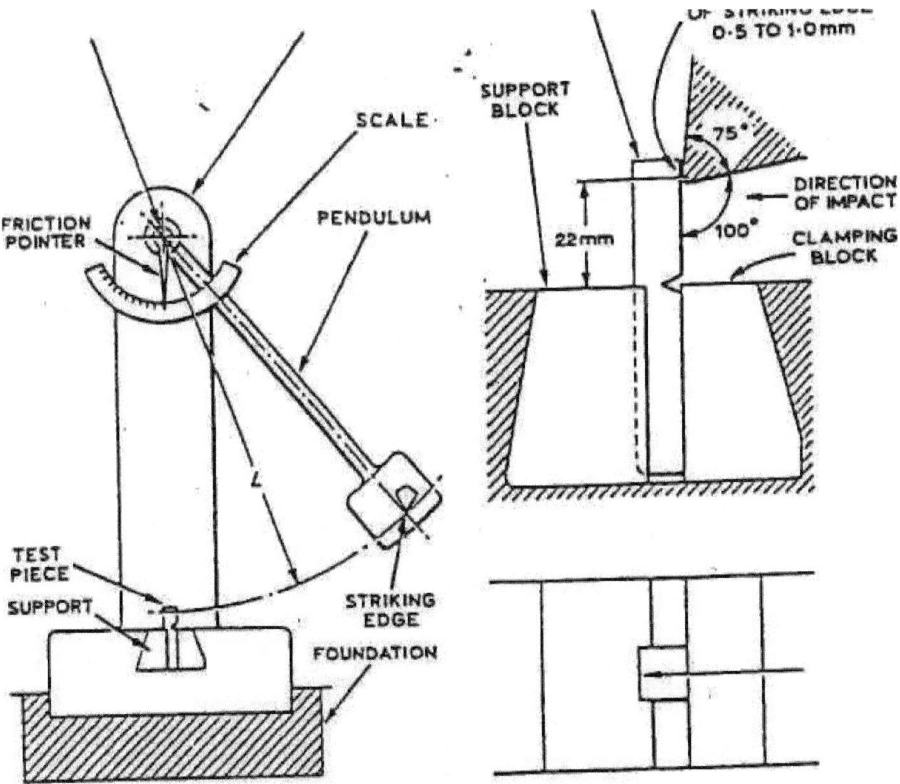

Figura 4.3 Princípio básico do ensaio de impacto Izod

Ensaio de impacto Charpy:

O princípio do ensaio difere do do ensaio Izod na medida em que a peça de ensaio é testada como uma viga apoiada em cada extremidade; é feito um entalhe no meio de uma das faces e o percutor atinge a face oposta diretamente atrás do entalhe.

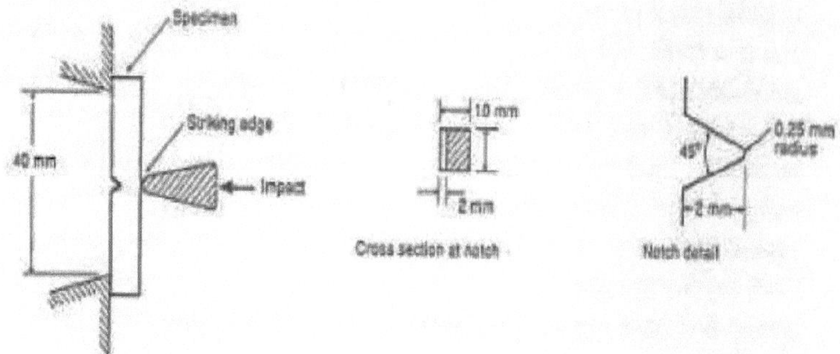

Figura 4.4 Espécimes e configuração de carga para o ensaio de impacto Charpy V-Notched

Na presente investigação, o ensaio Charpy é efectuado na Universidade Guru Kashi, Talwandi Sabo, Bathinda.

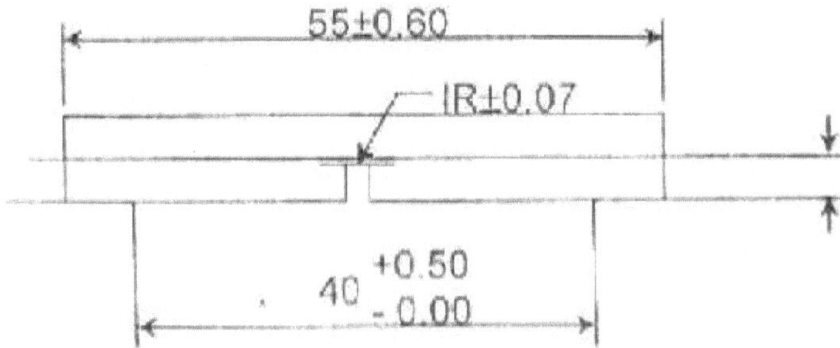

Figura 4.5 Dimensão do provete para o ensaio de tenacidade de acordo com a ASTM

Figura 4-6 Espécimes para o ensaio Charpy

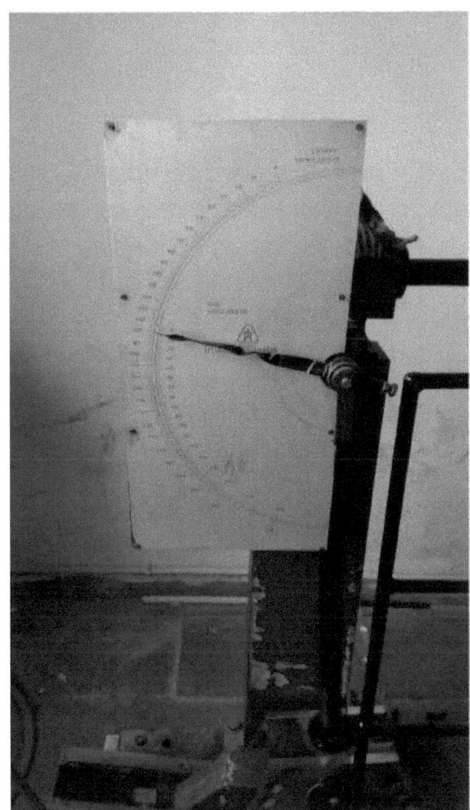

Figura 4.7 Máquina de ensaio de impacto

4.5.2. Microdureza - O ensaio de dureza **por microindentação**, mais comummente (mas incorretamente) designado por ensaio de microdureza, é amplamente utilizado para estudar alterações de escala fina na dureza, intencionais ou acidentais. Os tratadores térmicos utilizam esta técnica há muitos anos para avaliar o sucesso dos tratamentos de endurecimento de superfícies ou para detetar e avaliar a descarbonetação. Os metalógrafos e os analistas de falhas utilizam o método para uma série de fins, incluindo a avaliação da homogeneidade, a caraterização de soldaduras, como auxílio à identificação de fases, ou simplesmente para determinar a dureza de amostras demasiado pequenas para os tradicionais ensaios de indentação em massa.

4.8 Método de ensaio de microdureza [36]

4.5.3. Resistência ao desgaste - para verificar o comportamento ao desgaste da peça nitrocarbonetada, foi efectuado um ensaio de resistência ao desgaste no GZSCET, Bathinda. Foram preparadas amostras adequadas de acordo com as dimensões exigidas pela máquina de ensaio de desgaste. Os ensaios de desgaste foram efectuados durante 5 minutos para cada amostra.

Figura 4.9 Pino de ensaio de desgaste na máquina de discos

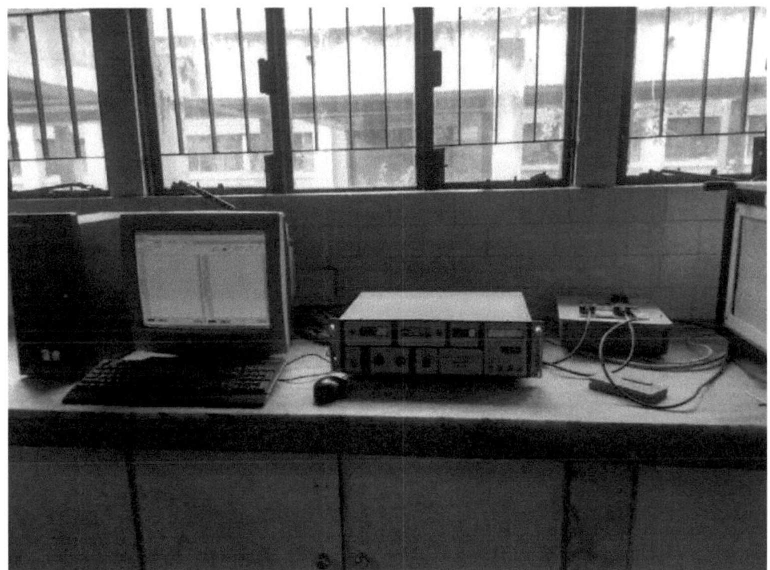

Figura 4.10 Unidade de controlo da máquina de ensaio de desgaste

Capítulo 5

RESULTADOS E DEBATES

Depois de realizar as experiências com diferentes configurações dos factores de entrada, ou seja, tempo de nitrocarbonetação, temperatura de pré-aquecimento, tempo de pré-aquecimento, os valores das variáveis de saída foram registados. O objetivo da presente investigação foi determinar o efeito do processo de nitrocarbonetação no aço EN 9 através da variação de diferentes parâmetros. De acordo com o desenho da experiência, os diferentes valores dos parâmetros de saída foram observados por instrumentos precisamente relevantes.

5.1 influência do processo de nitrocarbonetação na microdureza.

Tabela 5.1. Observações sobre a microdureza do aço EN 9 após o processo de nitrocarbonetação.

Correr	Ambiente	Tempo de nitrocarbonetação (min.)	Temp. de pré-aquecimento (°C)	Tempo de pré-aquecimento. (min.)	Micro-dureza (HV)
1	Não tratado				319
2	Nitrocarburizado	70	300	10	415
3	Nitrocarburizado	70	350	20	440
4	Nitrocarburizado	70	400	30	465
5	Nitrocarburizado	90	300	30	490
6	Nitrocarburizado	90	350	20	480
7	Nitrocarburizado	90	400	10	495
8	Nitrocarburizado	110	300	20	545
9	Nitrocarburizado	110	350	30	560
10	Nitrocarburizado	110	400	10	585

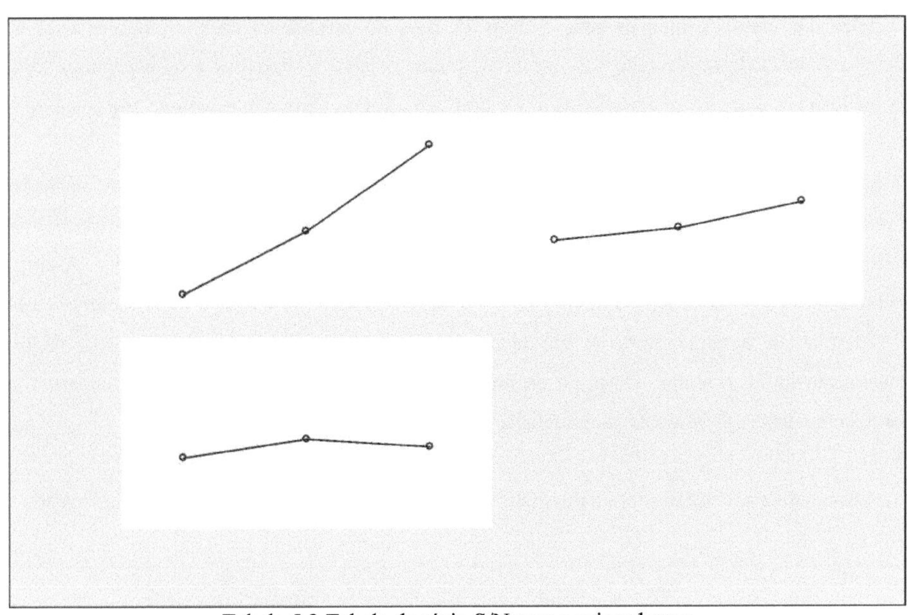

Tabela 5.3 Tabela de rácio S/N para a microdureza

Tempo de nitrocarbonetação (min.)	Temp. de pré-aquecimento (C°)	Tempo de pré-aquecimento. (min.)	Microdureza (HV)	SNRA2	MEAN2
70	300	10	415	52.3610	415
70	350	20	440	52.8691	440
70	400	30	465	53.3491	465
90	300	20	490	53.8039	490
90	350	30	480	53.6248	480
90	400	10	495	53.8921	495
110	300	30	545	54.7279	545
110	350	10	560	54.9638	560
110	400	20	585	55.3431	585

O gráfico dos efeitos principais para o rácio s/n para a microdureza foi traçado com base nos valores da tabela de observação 5.1. No total, foram tratadas 9 amostras e os espécimes foram preparados para o ensaio de microdureza. Os gráficos revelam claramente o efeito significativo do processo de nitrocarbonetação no EN

5.2 aço. A dureza dos materiais é desejada em muitas aplicações que, em última análise, melhoram as propriedades de desgaste dos componentes. A análise da relação sinal/ruído que resulta nos parâmetros de maquinagem óptimos para a microdureza é apresentada na figura 5.1. Assim, a combinação recomendada para o melhor resultado de microdureza é o tempo de nitrocarbonetação de 110 minutos, a temperatura de pré-aquecimento de 400 graus Celsius e o tempo de pré-aquecimento de 20 minutos. O tempo de nitrocarbonetação é classificado como o número 1 de acordo com a tabela de resposta para a relação S/N.

5.3

Tabela 5.4 Observações sobre o desgaste do aço EN 9 após o processo de nitrocarbonetação

Correr	Tempo de nitrocarbonetação (min.)	Temp. pré-aquecimento (C)°	Tempo de pré-aquecimento. (min.)	Inicial Peso (gm)	Final Peso (gm)	Perda de peso total (gm)
1				36.54	36.40	0.14
2	70	300	10	36.56	36.43	0.13
3	70	350	20	36.63	36.52	0.11
4	70	400	30	36.60	36.49	0.11
5	90	300	20	36.67	36.54	0.13
6	90	350	30	36.69	36.58	0.11
7	90	400	10	36.64	36.51	0.13
8	110	300	30	36.70	36.60	0.10
9	110	350	10	36. 73	36.64	0.09
10	110	400	20	36.72	36.64	0.08

5.2 influência do processo de nitrocarbonetação no desgaste.

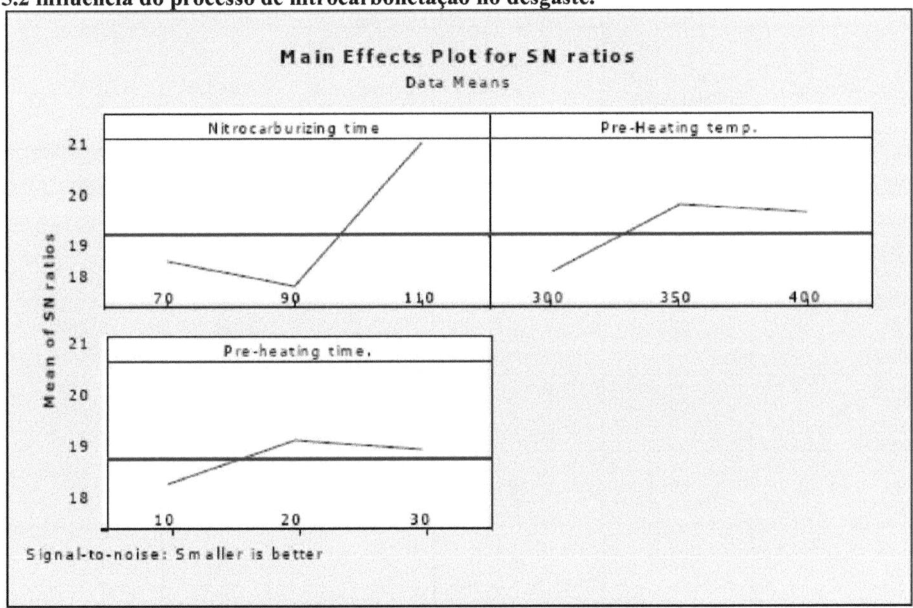

Figura 5.2 Gráfico dos efeitos principais do rácio s/n para o desgaste

Tabela 5.5 Tabela de resposta para os rácios sinal/ruído

Nível	Tempo de nitrocarbonetação (min.)	Temp. de pré-aquecimento (c°)	Tempo de pré-aquecimento. (min.)
1	18.69	18.48	18.79
2	18.20	19.75	19.61
3	20.95	19.61	19.45
Delta	2.75	1.27	0.82
Classificaçã o	1	2	3

Tabela 5.6 Tabela de rácio S/N para a microdureza

Tempo de nitrocarbonetação (min.)	Temp. de pré-aquecimento (C)°	Tempo de pré-aquecimento. (min.)	Desgaste (gm)	SNRA1	MEAN1
70	300	10	0.13	17.7211	0.13
70	350	20	0.11	19.1721	0.11
70	400	30	0.11	19.1721	0.11
90	300	20	0.13	17.7211	0.13
90	350	30	0.11	19.1721	0.11
90	400	10	0.13	17.7211	0.13
110	300	30	0.10	20.0000	0.10
110	350	10	0.09	20.9151	0.09
110	400	20	0.08	21.9382	0.08

O gráfico da resistência ao desgaste foi traçado com base nos valores da tabela de observação 5.2. No total, foram tratadas 9 amostras e os espécimes foram preparados para o ensaio de desgaste. O resultado revela que as amostras nitrocarbonetadas têm uma elevada resistência ao desgaste e perdem menos peso do que as amostras não tratadas. A análise da relação sinal-ruído que resulta nos parâmetros de maquinagem óptimos para o desgaste é apresentada na figura 5.2. Assim, a combinação recomendada para o melhor resultado de desgaste é o tempo de nitrocarbonetação de 90 minutos, a temperatura de pré-aquecimento de 300 graus Celsius e o tempo de pré-aquecimento de 10 minutos. O tempo de nitrocarbonetação é classificado como o número 1 de acordo com a tabela de resposta para a relação S/N.

5.4 influência do processo de nitrocarbonetação na resistência ao impacto.

Tabela 5-7 Observações relativas à resistência ao impacto do aço EN 9 após o processo de nitrocarbonetação

Correr	Ambiente	Tempo de nitrocarbonetação (min.)	Temp. de pré-aquecimento (c)^0	Tempo de pré-aquecimento. (min.)	Resistência ao impacto (i/m)^2
1	Não tratado				300
2	Nitrocarburizado	70	300	10	320
3	Nitrocarburizado	70	350	20	334
4	Nitrocarburizado	70	400	30	366
5	Nitrocarburizado	90	300	30	390
6	Nitrocarburizado	90	350	20	396
7	Nitrocarburizado	90	400	10	400
8	Nitrocarburizado	110	300	20	404
9	Nitrocarburizado	110	350	30	410
10	Nitrocarburizado	110	400	10	414

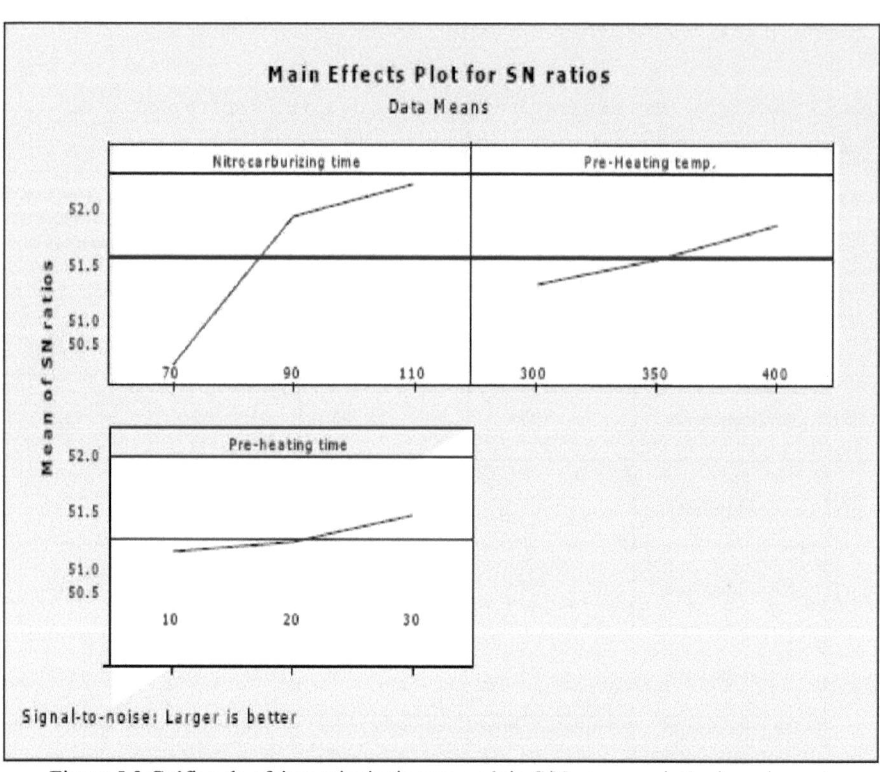

Figura 5.3 Gráfico de efeitos principais para o rácio S/N para a resistência ao impacto

Tabela 5.8 Tabela de respostas para o rácio S/N

Nível	Tempo de nitrocarbonetação (min.)	Temp. de pré-aquecimento (c°)	Tempo de pré-aquecimento. (min.)
1	50.62	51.35	51.47
2	51.94	51.56	51.55
3	52.24	51.88	51.78

Delta	1.63	0.53	0.32
Classificação	1	2	3

Tabela 5.9 Tabela de rácio S/N para a resistência ao impacto

Tempo de nitrocarbonetação (min.)	Temp. de pré-aquecimento (C)°	Tempo de pré-aquecimento. (min.)	Resistência ao impacto $(j/m)^2$	SNRA1
70	300	10	320	50.1030
70	350	20	334	50.4749
70	400	30	366	51.2696
90	300	20	390	51.8213
90	350	30	396	51.9539
90	400	10	400	52.0412
110	300	30	404	52.1276
110	350	10	410	52.2557
110	400	20	414	52.3400

A resistência ao impacto foi testada numa máquina de ensaios de impacto Charpy. O gráfico n.º 5.3 explica muito bem os resultados. Verificou-se que a resistência ao impacto aumentou quando as amostras foram introduzidas no processo de nitrocarbonetação. A análise da relação sinal/ruído que resulta nos parâmetros de maquinagem óptimos para o desgaste é apresentada na figura 5.3. Assim, a combinação recomendada para o melhor resultado de resistência ao impacto é o tempo de nitrocarbonetação de 110 minutos, a temperatura de pré-aquecimento de 400 graus Celsius e o tempo de pré-aquecimento de 30 minutos. O tempo de nitrocarbonetação é classificado como o número 1 de acordo com a tabela de resposta para a relação S/N.

ÂMBITO FUTURO E CONCLUSÕES

6.1. Conclusões- A presente investigação foi efectuada sobre os efeitos do processo de nitrocarbonetação em banho de sal no aço EN-9. Após a conclusão da experiência, a resistência ao desgaste, a resistência ao impacto e a microdureza foram testadas, e os resultados foram analisados e discutidos. A partir da presente investigação, podem ser tiradas as seguintes conclusões

1. A partir dos resultados do ensaio de resistência ao desgaste, foi registado um desgaste muito menor em comparação com a amostra não tratada. Assim, pode concluir-se que o processo de nitrocarbonetação em banho de sal pode melhorar as propriedades de resistência ao desgaste do aço EN-9.

2. O ensaio de microdureza revelou um ligeiro aumento da microdureza. A microdureza é uma propriedade desejável e, com o aumento da temperatura de nitrocarbonetação, foi registado um aumento da microdureza. Pode concluir-se que, com o aumento da temperatura, a microdureza pode ser aumentada.

3. A resistência ao impacto dos espécimes foi também testada, tendo-se verificado um aumento da energia de absorção do impacto quando tratados com nitrocarbonetação em banho de sal. Isto pode ter acontecido devido à formação de uma camada de difusão adequada sobre a superfície do espécime de aço EN9. Uma elevada resistência ao impacto é sempre uma propriedade desejável. Assim, pode concluir-se que a nitrocarbonetação em banho de sal pode ser utilizada para melhorar a resistência ao impacto do aço.

6.2. Âmbito futuro - Os aços inoxidáveis são amplamente utilizados na indústria como materiais anticorrosivos, mas a sua aplicação é altamente limitada no domínio da elevada exigência de resistência ao desgaste devido às suas fracas propriedades, tais como menor dureza superficial, resistência ao desgaste e à fadiga. Além disso, as aplicações do aço na indústria transformadora, automóvel e aeronáutica são ilimitadas. A elevada resistência à fadiga, bem como a sua capacidade de suportar cargas de impacto elevadas, são muito desejáveis. Por isso, é sempre desejável que estas propriedades mecânicas sejam melhoradas ao máximo. Há décadas que o processo de nitrocarbonetação tem sido utilizado para atingir estes objectivos. No entanto, devido aos níveis de toxicidade dos sais de nitrocarbonetação, a investigação no domínio da nitrocarbonetação em banho de sal tem estado parada desde há algum tempo, mas as vantagens associadas à nitrocarbonetação em banho de sal também não podem ser sacrificadas, e os processos de nitrocarbonetação por plasma e nitrocarbonetação por gás têm-se revelado menos eficientes e económicos do que a nitrocarbonetação em banho de sal. A partir da literatura, verificou-se que a nitrocarbonetação em banho de sal tem ainda um vasto campo de aplicação num futuro próximo. É necessário prosseguir a investigação neste domínio para ultrapassar os problemas associados à dureza superficial, ao desgaste e à resistência à fadiga dos aços inoxidáveis.

REFERÊNCIAS

1. Saraswat, Neeraj; Yadav, Ashok; Kumar, Anil; e Srivastava, Bhanu Prakesh. "Otimização dos parâmetros de corte na operação de torneamento de aço macio." Revisão internacional de pesquisa em engenharia aplicada 4 (2014): 251-256.

2. Singha, Hardeep; Sharmaa, Sumit; Awasthia, Vivek; Kumara, Vineet; e Singha, Sandeep. "Estudo dos parâmetros de corte no torneamento usando EN9". International Journal Of Advance Industrial Engineering (IJAIE) ISSN (2013): 2320-5539.

3. Yoshida, Masashi; Ichiki, Ryuta; e Utsumi, Noah. "Endurecimento de superfície de titânio usando nitretação a gás". International Journal ofPrecision Engineering and Manufacturing 14 (2013): 971-976.

4. Tokaji, K; Ogawa, T; e Shibata, H. "Os efeitos da nitretação a gás no comportamento à fadiga em
titânio e ligas de titânio". Journal of materials engineering and performance 8 (1999): 159-167.

5. Yang, M, e Sisson Jr, RD. "Efeitos da liga no processo de nitretação a gás". Journal of Materials Engineering and Performance 23 (2014): 4181-4186.

6. Kuwahara, Hideyuki; Matsuoka, Hiroaki; Takada, Jun; Kikuchi, Shiomi; Tomii, Youichi; e Takayama, Toru. "Nitretação a gás de amoníaco da liga Fe-18Cr-9Ni a menos de 823 K." Journal ofMaterials Science 25 (1990): 4120-4124.

7. Kong, JH; Lee, DJ; On, HY; Park, SJ; Kim, SK; Kang, CY; Sung, JH; e Lee, HW. "Nitretação e têmpera a gás a alta temperatura em aço 17Cr-1Ni-0,5 C-0,4 V." Metais e Materiais Internacional 16 (2010): 857-863.

8. Vetter, Jorg. "Tratamentos de superfície para aplicações automóveis". (2015): 91-132.

9. Li, Gui-jiang; Peng, Qian; Wang, Jun; Li, Cong; Wang, Ying; Gao, Jian; Chen, Shu-yuan; e Shen, Bao-luo. "Microestrutura de superfície do aço inoxidável austenítico 316L pelo processo de nitrocarbonetação em banho de sal e pós-oxidação conhecido como QPQ." Tecnologia de Superfícies e Revestimentos 202 (2008): 2865-2870.

10. Jacquet, P; Coudert, JB; e Lourdin, P. "How different steel grades react to a salt bath nitrocarburizing and post-oxidation process: Influência dos elementos de liga". Tecnologia de Superfícies e Revestimentos 205 (2011): 4064-4067.

11. Martin, J.; Martinavicius, A.; Bruyère, S.; Van Landeghem, H. P.; Gendarme, C.; Danoix, F.; Danoix, R.; Redjaimia, A.; Grosdidier, T.; e Czerwiec, T. "Análise multiescala de um intermetálico ODS FeAl40 após nitretação assistida por plasma". Journal of Alloys and Compounds 683 (2016): 418-426.

12. Caruta, B.M. Filmes finos e revestimentos: New Research: Nova Science, 2005.

13. "Processos de Tratamento Térmico na SHP."

14. Bepari, MMA, e Shorowordi, KM. "Effects of molybdenum and nickel additions on the structure and properties of carburized and hardened low carbon steels." Journal of materials processing technology 15 5 (2004): 1972-1979.

15. Boniardi, Marco; D'Errico, Fabrizio; e Tagliabue, Chiara. "Influência da cementação e nitretação na falha de engrenagens - Um estudo de caso." Engineering Failure Analysis 13 (2006): 312339.

16. Boromei, I; Ceschini, L; Marconi, A; e Martini, C. "Um tratamento duplex para melhorar o comportamento de deslizamento do AISI 316L: cementação a baixa temperatura com um revestimento de DLC (aC: H)." Wear302 (2013): 899-908.

17. Chang, Chih-Wei, e Kuo, Chun-Pao. "Avaliação da rugosidade da superfície na maquinação assistida por laser de cerâmica de óxido de alumínio com o método Taguchi." International Journal of Machine Tools and Manufacture 47 (2007): 141-147.

18. Qiang, Y. H.; Ge, S. R.; e Xue, Q. J. "Estudo sobre a estrutura e a resistência ao desgaste do aço nitro carburado de dois passos em banho de sal". Wear 218 (7// 1998): 232-236.

19. Marusić, K.; Otmacić, H.; Landek, D.; Cajner, F.; e Stupnisek-Lisac, E. "Modificação da superfície do aço carbono pelo processo Tenifer® de nitrocarbonetação e pós-oxidação." Surface and Coatings Technology 201 (12/4/ 2006): 3415-3421.

20. Fleurentin, P-F. Cardey e A. Vantagens tribológicas da nitrocarbonetação sobre a carbonitretação: influência da composição e da arquitetura da camada composta. 40th Leeds-Lyon Symposium on Tribology & Tribochemistry Forum 2013 4-6 de setembro de 2013, Lyon, França, 2013.

21. "sal de nitrocarbonetação." https://dir.indiamart.com/impcat/common-salt.html

22. Yang, W. H., e Tarng, Y. S. "Otimização da conceção dos parâmetros de corte para operações de torneamento com base no método Taguchi." Journal ofMaterials Processing Technology 84 (1998/12/01/ 1998): 122-129.

23. "Qual é a relação sinal-ruído numa conceção de Taguchi?" http://support.minitab.com/en-us/minitab/17/topic-library/modeling-statistics/doe/taguchi-designs/what-is-the-signal-to-noise-ratio/

24. Pérez, Marcos, e Belzunce, Francisco Javier. "Um estudo comparativo da nitrocarbonetação em banho de sal e da nitretação gasosa seguida de pós-oxidação usada como tratamentos de superfície de matrizes de forjamento a quente H13." Tecnologia de Superfícies e Revestimentos 305 (15/11/ 2016): 146-157.

25. Zhou, Zhengshou; Dai, Mingyang; Shen, Zhiyuan; e Hu, Jing. "Uma nova tecnologia rápida

de nitrocarbonetação em banho de sal DC". Vacuum 109 (2014): 144-147.

26. Niu, Yunsong; Cui, Ronghong; He, Yuting; e Yu, Zhiming. "Comportamento de desgaste e corrosão da liga Mg-Gd-Y-Zr tratada por banho misto de sal fundido." Journal of Alloys and Compounds 610 (2014): 294-300.

27. Huang, Runbo; Wang, Jun; Zhong, Si; Li, Mingxing; Xiong, Ji; e Fan, Hongyuan. "Modificação da superfície do aço inoxidável duplex 2205 por nitrocarbonetação em banho de sal a baixa temperatura a 430°C." Applied Surface Science 271 (2013): 93-97.

28. Zhang, JW; Lu, LT; Shiozawa, K; Zhou, WN; e Zhang, WH. "Efeito da nitrocarbonetação e pós-oxidação no comportamento à fadiga do aço de liga 35CrMo em regime de fadiga de ciclo muito elevado." International journal ofFatigue 33 (2011): 880-886.

29. Jacquet, P.; Coudert, J. B.; e Lourdin, P. "How different steel grades react to a salt bath nitrocarburizing and post-oxidation process: Influência dos elementos de liga". Surface and Coatings Technology 205 (2011): 4064-4067.

30. Cajner, Franjo; Landek, Darko; e Lisac, Ema Stupnisek. "Melhoria das propriedades de aços por nitrocarbonetação em banho de sal com pós-oxidação". Materiali in tehnologije 37 (2003): 333-339.

31. Qiang, Y. H.; Ge, S. R.; e Xue, Q. J. "Microstructure and tribological behaviour of nitrocarburizing-quenching duplex treated steel." Tribology International 32 (3// 1999): 131136.

32. Li, Gui-jiang; Peng, Qian; Li, Cong; Wang, Ying; Gao, Jian; Chen, Shu-yuan; Wang, Jun; e Shen, Bao-luo. "Análise da microestrutura do aço inoxidável austenítico 304L por tratamento com sal complexo QPQ." Materials Characterization 59 (9// 2008): 1359-1363.

33. Li, Gui-jiang; Wang, Jun; Peng, Qian; Li, Cong; Wang, Ying; e Shen, Bao-luo. "Influência da nitrocarbonetação em banho de sal e do processo de pós-oxidação na evolução da microestrutura da superfície do aço inoxidável 17-4PH." Journal ofMaterials Processing Technology 207 (16/10/2008): 187-192.

34. Krishnaraj, N.; Srinivasan, P. Bala; Iyer, K. J. L.; e Sundaresan, S. "Otimização de espessura da camada composta para a resistência ao desgaste de aços H11 nitrocarbonetados". Wear 215 (3// 1998): 123-130.

35. Krishnaraj, N.; Iyer, K. J. L.; e Sundaresan, S. "Scuffing resistance of salt bath aço de médio carbono nitrocarbonetado". Wear 210 (9// 1997): 237-244.

36. http://www.matsuzawa-ht.com. "Testador de dureza Micro Vickers série MMT-X".

yes
I want morebooks!

Buy your books fast and straightforward online - at one of world's fastest growing online book stores! Environmentally sound due to Print-on-Demand technologies.

Buy your books online at
www.morebooks.shop

Compre os seus livros mais rápido e diretamente na internet, em uma das livrarias on-line com o maior crescimento no mundo! Produção que protege o meio ambiente através das tecnologias de impressão sob demanda.

Compre os seus livros on-line em
www.morebooks.shop